한국산업인력공단 새 출제기준에 맞춘 피부미용사 완벽교재

에센스

피부미용사

필기

대표저자/ 양일훈
공동저자/ 최윤정 이선영

IRM (주)영림미디어

핵심요약집
별책부록

KB165563

part 1. 피부미용학

1. 매뉴얼테크닉(마사지) 기본 동작과 방법 및 효과

기본동작		방법 및 효과	실습
쓸어주기, 쓰다듬기 (경찰법, 무찰법, Effleurage)		손가락이나 손바닥 전체를 이용하여 가볍게 쓸어 준다. 모든 동작의 시작과 마무리, 연결 동작, 혈액·림프순환 촉진, 신경안정, 긴장완화	
문지르기 (강찰법, 마찰법, Friction)		손가락 끝부분을 이용하여 원을 그리며 문지른다. 주름이 생기기 쉬운 곳, 결체조직이 강한 부위, 피지선·한선 분비 촉진(노폐물 분비 촉진), 혈액순환 촉진, 긴장된 분비 근육이완, 탄력증진	
주무르기 (유연법, 유찰법), (Petrissage, Kneading)	롤링(Rolling)	나선형으로 문지르며 하는 압박 유연 기법	근육에 쌓여있는 노폐물 제거, 혈액순환 촉진, 근육이 뭉친 부분을 이완, 근육의 탄력을 준다.
	처킹(Chucking)	가볍게 상하운동 하듯이 주무르는 기법	
	린징(Wringing)	비틀듯이 행하는 기법	
	풀링(Fulling)	피부를 주름잡듯이 행하는 기법	

기본동작		방법 및 효과	실습
두드리기 (고타법) (Tapotment, Tapping)	태핑(Tapping)	손가락의 바닥면을 이용하여 두드린다.	
	슬래핑(Slapping)	손바닥을 이용하여 두드린다.	
	해킹(Hacking)	손의 측면을 이용하여 두드린다.	
	비팅(Beating)	주먹을 가볍게 쥐고 두드린다.	
	커핑(Cupping)	손을 오목하게 한 상태에서 두드린다.	
		손가락의 바닥면을 이용하여 두드리는 것은 말초신경 조직을 자극하는 가장 적극적 형태의 기법, 혈액순환 촉진, 신진대사 작용 높임, 근육위축 예방	
떨기 (진동법, Vibration)		손바닥이나 손가락 끝을 이용하여 진동을 주는 방법, 긴장된 근육이완, 경련, 마비에 효과적이다. 혈액순환과 림프순환 촉진	
집어주기, 꼬집기 (Dr.Jacquet) 재큐에트 마사지		손가락 끝을 이용하여 튕기듯 집어준다. 혈액순환 촉진, 탄력, 지성 및 여드름 피부의 피지선 자극하여 모공 내 피지 배출 촉진, 결체조직 단련	

part 1. 피부미용학

2. 제모의 종류 및 특성

분류		종류		장점	단점
영구제모		전기분해요법		· 영구적이다.	· 시간이 많이 소요된다.
		전기응고법		· 영구적이다.	· 자극이 있을 수 있다.
		레이저시술법		· 영구적이다.	· 단시간에 제거 가능
		화학적 방법		· 간편하다.	· 피부자극이 있을 수 있다.
일시적 제모	물리적 방법	면도기를 이용한 제모		· 간편하다.	· 자주 제거해야 하고 털이 억세지며, 굵어진다.
		핀셋(족집게)을 이용한 제모		· 간편하다.	· 시간이 오래 걸리고 제거 시 피부가 늘어질 수 있다.
	왁스를 이용한 제모	온왁스 (Warm)	스트립 (Strip)	· 시간이 절약 (넓은 부위에도 가능하다.)	· 피부자극받이 될 수 있다. · 얼굴 및 국소부위에 부적합
			하드 (Hard)	· 피부자극이 적다. · 얼굴 및 국소부위 가능 (눈썹이나 겨드랑이 등) · 부직포를 사용하지 않고 제모를 제거할 수 있다.	· 스트립에 비해 시술시간이 길다.
		냉왁스		· 간편하다.	· 전문성이 결여 되었고 제모 효과가 떨어진다.

part 2. 피부학

1. 피부의 구조 및 특성

피부층		특징	세포
진피층	유두층	· 전체 진피의 10~20%를 차지하며 진피상단에 표피와 경계부위에 작은 돌기들이 유두 모양을 형성하고 있다. · 모세혈관과 림프관이 신경종말에 풍부하게 분포되어 있어 표피와 진피에 영양소와 산소를 운반하고 신경을 전달하는 역할을 한다. · 콜라겐섬유(Collagen Fiber)와 엘라스틴섬유(Elastin Fiber)들이 가늘고 느슨한 조직으로 구성되어 있다. · 노화될수록 진피와의 경계인 물결모양의 굴곡이 편평이 완만해진다.	· 섬유아세포 (Fibroblast) · 비만세포 (Mast Cell) · 대식세포 (Macrophage)
	망상층	· 유두층 아래 위치하고 불규칙하고 밀도가 높은 결합조직으로 진피의 대부분을 차지하고 있다. · 탄력성과 팽창성이 큰 지지조직이다. · 탄력성과 팽창성이 큰 부위이므로 피부가 어느 정도 늘어나도 지탱할 수 있으나 한계가 지나쳐서 트게 되는 것을 튼살(팽창선조)이라 한다. · 혈관, 피지선, 감각신경, 한선 등이 분포되어 있다. · 일정한 방향성을 가지고 배열되어 각기 다른 주름을 형성하는 선을 랑거선(Langer line)이라 하며 수술 시 이용하면 흉터를 적게 남긴다.	

표피층		
기저층	· 표피의 가장 아래층에 위치해 진피 유두층으로부터 영양공급을 받는다. · 살아있는 세포로 활발한 세포분열이 이루어진다. · 단층의 원주상 세포로 배열되어 있다. · 평균 수분이 70% 함유되어 있다.	케라틴세포 멜라닌세포 랑게르한스세포 머켈세포
유극층	· 표피 중 가장 두터운 층이며 70%의 수분을 함유하고 있고, 표피 전체의 영양을 관장하며 노화할수록 얇아진다. · 살아있는 세포들로 구성되어 있으며 케라틴(Keratin)의 성장 및 분열에 관여한다. · 세포간교(Desmosome, 데스모좀) 형성 : 세포에서 짧은 가시모양의 돌기가 나와 세포 사이를 연결하고 물질대사가 이루어 진다. · 랑게르한스세포(Langerhans Cell)가 존재하여 피부의 면역기능을 담당한다.	
과립층	· 작은 과립모양의 케라토하이알린(Keratohyaline)이 함유되어 있어 본격적인 각질화 과정이 시작된다. · 수분 저지막(Rein Membrane / Barrier Zone)이 있어 외부물질에 대한 방어역할과 수분유출을 막는다. · 1겹 내지 3겹의 편평이 납작해진 세포층으로 구성되어 있다. · 수분이 약 30%로 줄어든다. · 각질층에 지방세포(각질 세포간 지질)를 생성해낸다.	
투명층	· 주로 손바닥, 발바닥에 존재하며 2~3층이 편평한 세포로 이루어져 있고 핵이 없다. · 엘라이딘(Elaidin)이라는 반유동물질이 함유되어 있어 투명하게 보인다. · 자외선을 난반사하여 색소 침착이 안되며 운동작용과 수분침투 및 증발을 억제하는 역할을 한다.	

표피층	각질층		
	각	· 표피의 최상층에 위치하고 정상 각질층은 약 14~20개의 층으로 이루어져 있다. 각질층의 모양은 표면에 가까울수록 납작하고 길쭉한 모양을 하게 된다.	케라틴세포
	질	· 무핵의 사세포층이다. · 수분 함유 : 15~30%	멜라닌세포 랑게르한스세포
	층	· 주성분으로는 케라틴 단백질(58%), 지질(11%), 천연보습인자(N.M.F) (31%)를 함유하고 있다.	머켈세포

2. 수용성 / 지용성 비타민의 종류 및 특징

1) 수용성비타민

종류	주요기능	결핍증
비타민 B_1 (티아민)	항신경성, 탄수화물대사보조	각기병, 식욕부진, 당뇨병, 신경석약, 신경염, 소화장애
비타민 B_2 (리보플라빈)	항피부염인자, 성장촉진인자	구각구순염, 결막염, 설염, 눈의 충혈, 지루성 피부염, 빈혈
비타민 B_3 (나이아신)	당질, 지질, 단백질, 산화과정 시 촉매역할	펠라그라, 구내염, 피부염, 설사, 불면증, 신경석악
비타민 B_5 (판테놀)	당질, 지질대사작용에 조효소작용, 호르몬 콜레스테롤, 헤모글로빈합성에 보조 효소	불안정, 피로, 무감각, 불면증, 구토, 마비, 근육경련

종류	주요기능	결핍증
엽산	동물의 세포분열에 관여, DNA를 합성	빈혈, 설염, 설사 , 성장장애, 정신혼란, 신경장애
비타민 B_{12} (코발라민)	엽산대사와 밀접한 관계, 향빈혈	악성빈혈, 엽산의 결핍증과 동일, 집중력과 기억력 상실, 치매, 마비
비타민 C (아스코르빈산)	향산화기능, 면역기능, 모세혈관강화	괴혈병, 골절, 설사증세, 상처치유 지연
비타민 H (비오틴)	지방산, 당질대사, 장벽보호	피부발진, 편행탈모증, 중추신경계 이상

2) 지용성비타민

종류	주요기능	결핍증
비타민A	시각관련 작용, 세포분화 (상피세포의 유지), 향산화 및 향암작용, 야맹증 - 함유식품 : 생선간유, 녹황색채소, 해조류, 토마토, 계란 노른자, 버터, 우유	야맹증, 안구 건조증, 반점
비타민D	칼슘 농도의 조절, 세포의 증식과 분화 조절, 구루병, 골절을 예방 - 함유식품 : 마가린, 우유제품, 생선간유, 계란노른자	구루병, 골연화증 및 골다공증, 소아의 발육부진
비타민E	향산화 기능, 불포화지방산과 비타민 A의 산화를 방지, 세포의 화상이나 성 저의 치유를 돕고, 유산과 불임증, 갱년기 장애의 예방과 치료 효과 - 함유식품 : 곡물의 배아, 콩류, 푸른 잎 채소, 식물성 기름	용혈성 빈혈, 신경 계 장애, 노화촉진, 조산, 유산, 불임

종류	주요기능	결핍증
비타민A	시각관련 작용, 세포분화 (상피세포의 유지), 항산화 및 항암작용, 야맹증 - 함유식품 : 생선간유, 녹황색채소, 해조류, 토마토, 계란 노른자, 버터, 우유	야맹증, 안구 건조증, 반점
비타민D	칼슘 흡수 농도의 조절, 세포의 증식과 분화 조절, 구루병, 충치, 골절을 예방 - 함유식품 : 마가린, 우유제품, 생선간유, 계란노른자	구루병, 골연화증 및 골다공증, 소아의 발육부진
비타민E	항산화 기능, 불포화지방산과 비타민 A의 산화를 방지, 세포의 화성이나 상 처의 치유를 돕고, 유산과 불임증, 갱년기 장애의 예방과 치료 효과 - 함유식품 : 곡물의 배아, 콩류, 푸른 잎 채소, 식물성 기름	용혈성 빈혈, 신경계 장애, 노화촉진, 조산, 유산, 불임
비타민K	혈액응고에 관여, 간 기능을 돕고, 뼈의 형성에 관여, 모세혈관을 튼튼하게 해줌 - 함유식품 : 켈프, 푸른 야채, 콩기름, 계란 노른자, 우유, 간	출혈

4. 무기질의 종류 및 특징

종류	특징
칼슘(Ca)	· 체내 다량 함유하고 있는 무기질 · 뼈와 치아의 형성, 근육의 수축과 이완작용, 신경흥분 전달 작용, 혈액응고

인(P)	· 칼슘 다음으로 가장 많이 함유 · 뼈와 치아의 형성, 세포의 핵산과 세포막의 구성 성분, 비타민 및 효소의 활성화에 관여, 에너지의 저장과 방출에도 관여 · 결핍증이 거의 일어나기 드무나 장기적으로 인이 결핍될 경우 식욕부진, 근육약화, 뼈의 약화, 통증이 나타남
철(Fe)	· 철분은 적혈구의 헤모글로빈의 구성성분으로 산소 운반작용을 한다. · 면역기능 · 결핍증 : 적혈구 수의 감소, 빈혈
요오드(I)	· 성인의 체내에 함유된 요오드는 갑상선의 70 ~ 80% 함유, 나머지는 근육과 혈액에 존재한다. · 갑상선의 구성요소, 활력증진, 건강한 피부, 체온조절, 기초대사율 증가, 성장, 신경과 근육에 작용 · 결핍증 : 점액수종, 크레틴병
나트륨(Na)	· 산과 알칼리 평형유지
칼륨(K)	· 체내 노폐물 배설 촉진
셀레늄(Se)	· 셀레늄은 항산화력이 뛰어남으로 체내의 과산화지질의 생성을 억제하며 광범위하게 노화현 상억제. · 면역기능 증진, 항암작용, 생식기능 증진효과, 중금속 오염의 해독작용, 백내장 예방
마그네슘 (Mg)	· 당질대사, 지질대사, 단백질 대사에 관여 · 체내의 산과 알칼리평형의 유지, 단백질 합성, 콜레스테롤이 축적을 방지하는 작용으로 맥경화 예방 · 결핍증 : 근육의 경련, 신장발작, 동맥경화, 신장결석, 수족냉증

part 3. 해부생리학

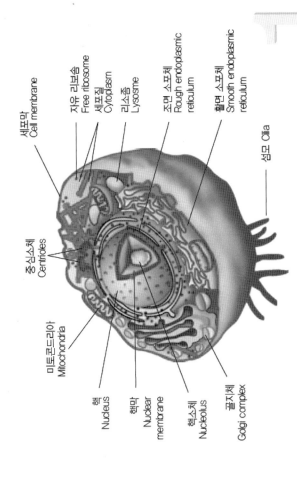

세포막
Cell membrane

자유 리보솜
Free ribosome

세포질
Cytoplasm

리소좀
Lysosome

조면 소포체
Rough endoplasmic
reticulum

활면 소포체
Smooth endoplasmic
reticulum

섬모 Cilia

중심소체
Centrioles

미토콘드리아
Mitochondria

핵
Nucleus

핵막
Nuclear
membrane

핵소체
Nucleolus

골지체
Golgi complex

1. 세포의 구조 및 특징

핵	세포의 가장 중요한 종주로 세포분열, 성장 및 단백질 합성 등에 관여한다. 핵은 분열하는 세포에는 항상 있으며, 적혈구와 혈소판을 제외한 모든 세포에 존재한다.	핵막, 핵소체, 염색질, 핵산
세포질	세포에서 핵을 제외한 나머지 모든 부분으로, 세포의 성장과 생활에 필요한 수분, 영양물질, 효소, 세포소기관 등을 포함하고 있다.	미토콘드리아, 리보솜, 소포체, 골지체, 리소좀, 중심체
세포막	· 세포와 외부를 경계 짓는 막으로, 세포의 형태를 유지하고 선택적 투과성이 있어 세포 안팎으로의 물질 출입을 조절한다. · 유동성이 있는 인지질 2중층에 단백질이 불규칙하게 분포한 유동 모자이크 막이다. 인지질 2중층 + 단백질 + 탄수화물(당지질, 당단백질 형태로 존재)	

2. 전신 골격의 구조

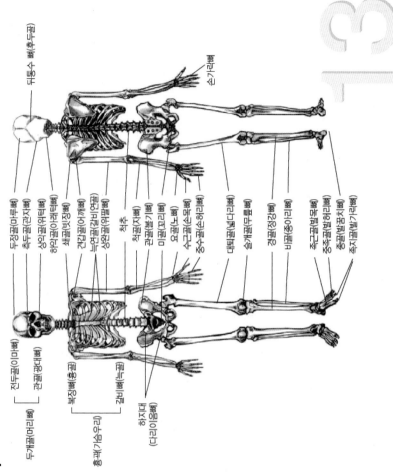

두개골(머리뼈)
- 전두골(이마뼈)
- 관골(광대뼈)

두정골(마루뼈)
측두골(관자뼈)
상악골(위턱뼈)
하악골(아래턱뼈)
쇄골(빗장뼈)
견갑골(어깨뼈)
늑연골(갈비연골)
상완골(위팔뼈)

흉골(가슴뼈)
늑골(갈비뼈)

흉추(가슴우리)

하지대
(다리이음뼈)

척추
척골(자뼈)
관골(볼기뼈)
미골(꼬리뼈)
요골(노뼈)
수근골(손목뼈)
중수골(손허리뼈)

대퇴골(넓다리뼈)
슬개골(무릎뼈)
경골(정강뼈)
비골(종아리뼈)
족근골(발목뼈)
중족골(발허리뼈)
중절골(발가운데마디뼈)
족지골(발가락뼈)

두통수뼈(후두골)

손가락뼈

part 3. 해부생리학

13

14

3. 전신 근육 명칭

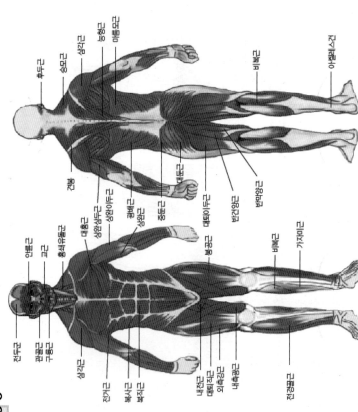

전두근
관골근 / 교근
구륜근
흉쇄유돌근
대흉근
전거근
복사근
복직근
삼각근
봉공근
내전근
대퇴직근
외측근
내측광근
전경골근
비복근
가자미근

후두근
승모근
삼각근
능형근
마름모
견갑
상완삼두근
상완이두근
광배근
상완근
중둔근
대퇴이두근
근강양근
반건양근
반막양근
비복근
아킬레스건

4. 해부학적 중요 용어

해부학적 자세	· 시상면 : 신체를 좌우로 나누는 면, 좌우 똑같이 나누는 면 · 관상면(전두면) : 신체를 앞뒤로 나누는 면 · 수평면(횡단면) : 신체를 수평으로 나누는 면
인체의 방향에 관한 용어	· 내측(Medial) 외측(Lateial) : 신체의 정중면에서 가까운 위치와 먼 위치 · 전측(Anterior)과 후측(Posterior) : 신체의 전면과 후면 · 근위(Proximal)와 원위(Digital) : 신체의 중심에서 가까운 위치와 먼 위치 · 상방(Superior)과 하방(inferior) : 기립자세에서 신체의 머리쪽과 발쪽 · 천부(Superficial)와 심부(Deep) : 신체의 표면에 가까운 위치와 깊은 위치
근육 및 그 외 명칭	· 건(Tendon) : 힘줄, 끝마에 붙어 뼈에 근육을 부착하는 부분 · 근막 : 근육을 둘러싸고 있는 막, 인접근육과 분리 · 기시(Origin) : 근 수축 시 고정되는 쪽으로 근의 머리(근두)가 부착되는 점 · 정지(Insertion) : 근 수축시 움직이는 곳으로 근의 꼬리(근미)가 부착되는 점
골격근의 기능에 따른 명칭	· 주동근(Tendon) : 운동 시 주된 역할을 하는 근육 · 협력근 : 운동 시 주동근을 돕는 근육 · 길항근 : 운동 시 반대의 작용을 하는 근육, 관절을 일정 각도에서 멈춰 힘을 발생시키 　거나 운동이 정밀해지도록 함 · 신근(항중력근) : 중력에 저항하여 자세를 유지하는데 작용하는 근육 · 굴근 : 굴할때 사용되는 근육
근수축반응	· 연축(Twitch) : 단일수축, 순간적인 자극으로 근육이 오그라들었다가 이완되어 되돌아가 　는 1회의 과정 · 강축(Tetanus) : 근육에 계속해서 2번 이상 자극을 줄 때 나타나는 큰 수축 현상 · 긴장(Tonus) : 근육이 부분적으로 수축을 지속하고 있는 상태 · 강직(Contraction) : 뻣뻣하게 굳어서 움직일수 없게 된 상태

part 4. 미용기기학

1. 전기용어

전류 (Electric current)	전류의 세기는 1초에 한 점을 통과하는 전자의 수
전압 (Voltage)	전기를 생산하는데 필요한 압력을 의미
저항 (Ohms)	전류가 전도체를 흐를 때 흐름을 방해하는 성질
전력 (Watt)	전기를 사용할 때 드는 전기적인 힘으로 일정기간동안 사용된 전류의 양
주파수 (Frequency)	1초 동안 반복하는 진동의 횟수 또는 사이클 수
전도체	전류가 쉽게 통하는 물질로서 금속, 탄소, 인체, 전해질, 네온가스 등
부도체 (비전도체)	전류가 잘 통하지 않는 물질로서 플라스틱, 고무, 나무 등
반도체	도체와 부도체의 중간 성질. ex) 규소, 게르마늄
정류기	정류기란 교류 전류를 직류 전류로 변환시키는 장치
변압기	교류회로에서 전압을 바꾸는 데 사용
퓨즈	전류가 전선에 과도하게 흐르는 것을 방지하는 장치
방전	전류가 흘러 전기에너지가 소비되는 것
전력	1초 동안 공급되는 전기 에너지로, 전기를 사용할 때 드는 전기적인 힘을 말하며 단위는 W(Watt : 와트)를 사용

2. 전신관리기기 및 광선기기

전신 순환 관리	광선관리기기
저주파기(Low Frequency Current)	적외선 램프(Infra-Red Lamp)
중주파기(Middle Frequency Current)	원적외선 사우나
고주파기(High Frequency Current)	원적외선 비만기
초음파기(Ultrasound)	인공 선탠기
엔더몰로지(Endermologie)	살균 소독기
바이브레이터(Vibator)	컬러테라피피
진공흡입기(Vacuum Suction)	

3. 안면 피부미용기기

관리단계	미용기기 종류
피부분석 시	· 확대경(Magnifying Lamp) · 우드 램프(Wood Lamp)
	· 모니터 피부분석기(Skin Scope) · 유분 측정기
	· pH 측정기 · 수분 측정기
	· 체지방 측정기
클렌징 · 딥 클렌징	· 스티머(Vaporizer)
	· 브러시 기기(Brush Machine = Frimator)
	· 진공 흡입기(Suction Machine)

18

	· 스킨스크러버(Skin scrubber)
	· 갈바닉의 디스인크러스테이션(Desincrustation)
스킨 토닉 분무 시	· 분무기(Spray Machine) · 루카스(Lucas)
	· 적외선 램프(Infra-Red Lamp)
	· 갈바닉기계의 이온토포레시스(Iontoporesis)
영양물질 침투 시	· 고주파기(High Frequency Machine)
	· 리프팅 기계(Lifting Machine)
	· 피부관리용 초음파(Ultrasonic Waves)

4. 고주파의 효과

관리종류	관리효과
고주파 직접법	· 피부에 건조효과를 주어 지성, 여드름 피부에 적용한다.
	· 오존을 발생시켜 박테리아 살균 및 소독작용이 일어난다.
고주파 간접법	· 건성 및 노화피부의 혈액순환을 촉진시킨다.
	· 심부열 발생으로 인해 피부의 긴장을 이완시킨다.
	· 크림의 흡수를 돕는다.
	· 심부열 발생으로 피지선의 활동이 증가되어 건성 및 노화된 피부에 윤택을 부여한다.
	· 피부조직의 재생력이 좋아진다.

5. 광선의 종류 및 효과

광선	특징
가시광선(Visible Ray)	태양광선의 약 40%를 차지하며 400~770nm의 중파장으로 사물을 볼 수 있게 하는 광선이다.
적외선 (Infra Red Ray)	· 태양광선의 50% 이상을 차지하며 770~2,200nm의 장파장이다. · 발열작용이 있어 열선이라 하며 피부 깊숙이 침투하여 혈액순환을 촉진하고 신진대사를 원활하게 하는 효과가 있다. · 근육이완 효과, 피부 깊이 영양분을 침투시킨다.
자외선 (Ultraviolet Ray)	냉선(무열선)이며 자외선은 신진대사를 촉진시키며 살균소독 기능이 있고 노폐물의 제거를 촉진시키고 Vitamin D를 합성한다.
	UV A(장파장) / 320~400nm	피부의 태닝효과/ 광노화의 원인/ 진피, 모세혈관까지 침투
	UV B(중파장) / 290~320nm	홍반현상, 수포형성/ 표피 기저층까지 침투
	UV C(단파장) / 290nm 이하	피부에 살충부에만 도달. 강한 살균력으로 바이러스, 세균 파괴

6. 컬러테라피에서 빛의 파장과 효과

색광	파장	효과
빨강(Red)	600~700nm	혈액순환증진과 심장기능 활성화
주황(Orange)	500~600nm	내분비계 기능 활성화
노랑(Yellow)	580~590nm	소화기계 기능 강화
초록(Green)	500~550nm	신경안정 및 신체 평형유지
파랑(Blue)	450~480nm	안정감과 진통 및 쵤면효과
보라(Violet)	420~460nm	림프계에 활성화

part 4. 미용기기학

part 5. 화장품학

1. 화장품, 의약외품, 의약품의 비교

	화장품	의약외품	의약품
대 상	정상인	정상인	환자
목 적	청결, 미화	위생, 미화	(질병의) 진단 및 치료
기 간	장기간	단기간/장기간	단기간
부작용	없어야 함	없어야 함	있을 수 있음

2. AHA(Alpha Hydroxy Acid)의 특징과 종류

㉠ 과일이나 채소에서 추출한 천연산을 말한다.

㉡ 각질제거, 피부 간질제생의 효과가 뛰어나며 피부의 유연기능과 보습기능이 있다.

㉢ 농도에 따라 다양한 효능으로 적용할 수 있으며, 피부에 도포 시 따끔거림이 있다.

㉣ 피부와 점막에 약간의 자극이 있다.

구분	구성	추출	효능 및 특징
주요산	글라이콜릭산(Glycolic Acid)	사탕수수	· AHA 중에서 분자량이 가장 작아 침투력이 우수하다.
	젖산(Lactic Acid)	우유	· 보습 효과가 우수하다. · 세라마이드 양을 증가시킨다.
보조산	사과산(Malic Acid)	사과	· 약간의 박테리아 성장을 억제한다.
	주석산(Tartaric Acid)	포도	· 다른 종류의 AHA 성분의 효능을 강화시킨다.
	구연산(Citric Acid)	오렌지	· 화장품의 pH를 조절하는 기능을 한다. · 산화방지제로 작용한다.

3. 보습제의 종류 및 특성

	종류	특성
다가 알코올 (Polyol)	글리세롤(Glycerol), 글리세린	· 분자 크기가 크므로 흡수 보다는 보습마을 형성한다. · 피부의 자극과 부작용이 거의 없다. · 20% 이상 함유 시 피부의 수분을 빼앗을 수 있다. · 끈적임이 있다.
	1:3 부칠렌 글리콜(1:3 Butylene Glycol)	· 비교적 순하며 끈적임이 적다.
	프로필렌 글리콜(Propylene Glycol)	· 산뜻한 느낌으로 피부에 흡수율이 높으나 자극이 있다.
	솔비톨(Sorbitol)	· 보습력이 뛰어나며 피부자극이 거의 없다. · 고가의 유화제 흡습제로 사용된다. · 끈적임이 강하다.

종류		특성
천연 보습인자 (N.M.F)	소듐 피로리돈 카르본실릭 액시드 (Sodium P.C.A)	피부에 천연적으로 존재하며 수분 결합력이 우수하다.
	아미노산(Amino Acid)	· 수분 보유력이 우수하며 독성이 없다. · 콜라겐보다 분자량이 작아 침투력이 좋다.
고분자 보습제	콜라겐(Collagen)	· 수분 보유, 결합 능력이 뛰어나다. · 끈적임이 없다.
	하이루론산(Hyaluronic Acid)	자신의 질량의 최소 수백배의 수분을 보유한다.

4. 계면활성제의 종류 및 특징

종류	특징
음이온 계면활성제(Anionic Surfactant)	물에 용해될 때 친수기 부분이 음이온을 나타낸다. 세정과기포 작용이 우수하다. 예) 비누, 클렌징폼, 샴푸, 세정제, 에멀션의 유화제
양이온 계면활성제(Cationic Surfactant)	물에 용해될 때 친수기 부분이 양이온을 나타내며 역성비누라고도 한다. 예) 살균제, 정전기 방지제, 헤어린스
양쪽성 계면활성제 (Amphoteric Surfactant)	알칼리에서는 음이온, 산성에서는 양이온을 나타낸다. 예) 베이비 샴푸
비이온 계면활성제(Nonionic Surfactant)	· 물에 용해될 때 이온화 되지 않는다. · 자극성이 적어 기초 화장품에 주로 사용된다.

5. 피부타입별 적용 가능한 성분

피부타입	성분
지성 · 여드름 피부에 적용 가능한 성분 (각질제거, 피지조절 및 흡착, 염증완화 및 진정성분)	썰파(Sulfar)
	살리실산(Salicylic Acid)
	유칼립투스(Eucalyptus)
	티트리(Tea Tree)
	라벤더(Lavender)
	레몬(Lemon)
	클레이(Clay/카오린 Kaolin / 벤토나이트 Bentonite)
	캄포(Camphor)
건성 · 노화 피부에 적용 가능한 피부 (보습, 피부장벽강화, 순환, 각화과정촉진 등)	콜라겐(Collagen)
	엘라스틴(Elastin)
	히아루로닉 액시드(Hyauronic acid)
	소듐 PCA(sodium PCA)
	세라마이드(Ceramide)
	솔비톨(Sorbitol)
	레시틴(Lecithin)
	알로에(Aloe)
	해초(Seaweed/Algae)
	플라센타(Placenta)
	레티놀(Retinol)
	레티닐 팔미테이트(Retinyl Palmitate)

24

건성 · 노화 피부에 적용 가능한 피부 (보습, 피부장벽정상화, 순환, 각화과정촉진 등)	비타민 C(Ascorbic Acid)
	비타민 E(Tocopherol)
	징코(Gingko)
	AHA(Alpha Hydroxy Acid)
예민 피부에 적용 가능한 성분 (진정 및 혈관강화)	비타민 P
	비타민 C(Ascorbic Acid)
	비타민 K
	프로폴리스(propolis)
	판테놀 /Vit B₅)
	리보플라빈(Riboflavin / Vit B₂)
	알란토인(Allantoin)
	캐모마일(Chamomile)
	아줄렌(Azulene)
	비사볼롤(Bisabolol)
	위치하젤(Witch Hazel)
	감초(Licorice)
색소침착 피부에 적용가능한 성분	코직산(Kojic Acid)
	알부틴(Arbutin)
	상백피(Mulberry Exraction)
	닥나무 추출물(Broussonetia Exract)
	뽕나무추출물
	비타민 C(Ascorbic Acid)
	감초(Licorice)

part 6. 공중위생관리학

1. 질병발생의 3대 요소 및 감염병 생성과정의 6대 요소

질병발생의 3대 요소	감염병 생성과정의 6대 요소
병인	병원체, 병원소
환경	환경병원소로부터 병원체의 탈출, 전파, 병원체의 신숙주 내 침입
숙주	숙주의 감수성

2. 감염병의 분류

특성	제1군	제2군	제3군	제4군	지정
	발생 즉시 방역대책수립	예방접종대상	지속적으로 발생 감시, 방역대책 수립 필요	보건복지가족부령 으로 지정	보건복지가족부 장관 지정

종수	(6종)	(10종)	(18종)	(15종)	(9종)

질환	· 콜레라
	· 페스트
	· 장티푸스
	· 파라티푸스
	· 세균성이질
	· 장출혈성
	  대장균
	  감염증
		· 디프테리아
		· 백일해
		· 파상풍
		· 홍역
		· 유행성이하선염
		· 풍진
		· 폴리오
		· B형 감염
		· 일본뇌염
		· 수두
			· 말라리아
			· 결핵
			· 한센병
			· 성병
			· 성홍열
			· 수막구균성수막염
			· 레지오넬라증
			· 비브리오패혈증
			· 발진티푸스
			· 발진열
			· 쯔쯔가무시증
			· 렙토스피라증
			· 브루셀라증
			· 탄저
			· 공수병
			· 신증후군출혈열
			· 유행성출혈열
			· 인플루엔자
			· 후천성면역결핍증
			  (AIDS)
				· 황열
				· 뎅기열
				· 마버그열
				· 에볼라열
				· 라사열
				· 리슈마니아증
				· 바베시아증
				· 아프리카수면병
				· 크립토스포리디
				  움증
				· 주혈흡충증
				· 요우스
				· 핀타두창
				· 보툴리누스중독증
				· 신종전염병증후군
					· A형 간염
					· C형 간염
					· 반코마이신내
					  성황색도포
					  상구균(VRSA)
					· 샤가스병
					· 광동주혈선충증
					· 유극악구충증
					· 사상충증
					· 포충증
					· 크로이츠펠트야
					  콥병

신고	발견 즉시 신고	발견 즉시 신고	7일 이내 신고	발견 즉시 신고	7일 이내 신고

3. 소독법(물리적 소독법과 화학적 소독법)

1) 물리적소독법

<table>
<thead>
<tr><th colspan="2">종류</th><th>온도 및 시간</th></tr>
</thead>
<tbody>
<tr><td rowspan="3">건열법</td><td>건열 멸균법</td><td>170℃에서 1~2시간 가열</td></tr>
<tr><td>화염 멸균법</td><td>불꽃 속에서 20초 이상 가열</td></tr>
<tr><td>소각 소독법</td><td>불에 태워 멸균시키는 방법</td></tr>
<tr><td rowspan="5">습열법</td><td>자비 소독법</td><td>100℃에서 15~20분간 가열</td></tr>
<tr><td>고압증기 멸균법</td><td>100~135℃에서 20분간 고온의 수증기를 쐬는 방법</td></tr>
<tr><td>간헐 멸균법</td><td>100℃의 유통증기에서 30~60분간 멸균시킨 후 같은 방법으로 3회 나누어 처리하는 방법</td></tr>
<tr><td>유통증기 멸균법</td><td>100℃의 유통하는 증기에서 30~60분간 가열</td></tr>
<tr><td>저온소독법</td><td>62~63℃에서 30분 가열</td></tr>
<tr><td rowspan="3">비열
처리법</td><td>자외선 소독법</td><td>UVC광선을 이용하여 15~20분간 소독</td></tr>
<tr><td>초음파 멸균법</td><td>매초 8,800cycle 음파의 강력한 교반작용을 이용</td></tr>
<tr><td>방사선 멸균법</td><td>방사선을 미생물 세포내 핵이 DNA나 RNA에 작용시킴</td></tr>
</tbody>
</table>

2) 화학적 소독법

<table>
<thead>
<tr><th>종 류</th><th>사용방법 및 특징</th></tr>
</thead>
<tbody>
<tr><td>알코올</td><td>70% 농도, 모든 병원균의 단백질 응고로 소독</td></tr>
<tr><td>크레졸</td><td>크레졸 비누액 3%, 물 97%로 혼합 소독, 손 소독 2%</td></tr>
<tr><td>석탄산</td><td>석탄산 3%, 물 97% 혼합 소독, 손 소독 2%, 금속부식, 피부점막자극</td></tr>
</tbody>
</table>

part 6. 공중위생관리학

28

승홍수	피부소독 0.1% 희석, 금속부식, 온도 높을수록 살균력 강화
역성비누	양이온계면활성제, 무색, 무취, 무독성, 손소독, 살균력우수, 세정력 없음
과산화수소	2.5~3.5%의 수용액, 구강상처에 효과
생석회	산화칼슘의 분말, 재래식 화장실
포름알데히드	자극성 기체, 넓은 장소 소독
포르말린	포름알데히드가 37% 이상 함유된 1~1.5%의 수용액
표백분	물에 가하면 염소가스를 발생하여 살균력을 나타냄
훈증	식품에 살균 가스나 증기를 뿌려 미생물과 해충을 죽이는 방법

4. 과태료의 부과기준

위반행위	과태료
1. 폐업신고를 하지 아니한 자	30 만원
2. 미용업소의 위생관리 의무를 지키지 아니한 자	50 만원
3. 위생관리용역업소의 위생관리 의무를 지키지 아니한 자	30 만원
4. 영업소 외의 장소에서 이용 또는 미용업무를 행한 자	70 만원
5. 관계공무원의 출입·검사, 기타 조치를 거부·방해 또는 기피한 자	100 만원
6. 법 제 10조에 따른 개선명령에 위반한 자	100 만원
7. 법 제 7조 제1항을 위반하여 위생교육을 받지 아니한 자	20 만원

5. 공중위생관리법 주요내용

		주요내용
<개정 2008.3.3> 이용기구 및 미용기구의 소독기준 및 방법(제5조관련)	일반기준	1. 자외선소독 : 1㎠당 85㎼ 이상의 자외선을 20분 이상 쪼여준다. 2. 건열멸균소독 : 섭씨 100℃ 이상의 건조한 열에 20분 이상 쐬어준다. 3. 증기소독 : 섭씨 100℃ 이상의 습한 열에 20분 이상 쐬어준다 4. 열탕소독 : 섭씨 100℃ 이상의 물속에 10분 이상 끓여준다. 5. 석탄산수소독 : 석탄산수(석탄산 3%, 물 97%의 수용액을 말한다)에 10분 이상 담가둔다. 6. 크레졸소독 : 크레졸수(크레졸 3%, 물 97%의 수용액을 말한다)에 10분 이상 담가둔다. 7. 에탄올소독 : 에탄올수용액(에탄올이 70%인 수용액을 말한다. 이하 이 호에서같다)에 10분 이상 담가두거나 에탄올수용액을 머금은 면 또는 거즈로 기구의 표면을 닦아준다.
공중위생 영업신고 서류		1. 영업시설 및 설비개요서 2. 교육필증(법 제17조제2항에 따라 미리 교육을 받은 경우에만 해당한다) 3. 면허증 원본(이용업·미용업의 경우에만 해당한다)
재교부 신청		1. 신고증을 잃어 버렸을 때 2. 신고증이 헐어 못쓰게 된 때 3. 신고인의 성명이나 주민등록번호가 변경된 때
변경신고 해당사항		1. 영업소의 명칭 또는 상호 2. 영업소의 소재지 3. 신고한 영업장 면적의 3분의 1 이상의 증감 4. 대표자의 성명(법인의 경우에 한한다)
변경신고시 지참서류		1. 영업신고증 2. 변경사항을 증명하는 서류
[이·미용사의 면허정지 또는 면허취소]		1. 국가 기술자격법에 따라 이 이용사자격이 취소된 때 – 면허취소 2. 국가 기술자격법에 따라 이 이용사자격정지처분을 받은 때 – 면허정지 3. 법제 6조 제 2항 제1호 내지는 제 4호의 결격사유에 해당할때 – 면허취소 4. 이중으로 면허를 취득한때 – 면허취소(나중에 발급받은 면허를 말함) 5. 면허증을 다른 사람에게 대여한 때 - 1차 위반은 면허정지 3월, 2차 위반은 면허정지 6월, 3차 위반은 면허취소 6. 면허 정지처분을 받고 그 정지기간 중 업무를 행한 때 – 면허취소
미용업소 게시		이용업 신고증, 면허증원본, 미용요금표

part 6. 공중위생관리학

6. 행정처분기준(개정 2014.7.1.)

위반사항	관련 법규	행정처분기준			
		1차 위반	2차 위반	3차 위반	4차 위반
1. 미용사의 면허에 관한 규정을 위반한 때	법 제7조 제1항				
① 국가기술자격법에 따라 미용사자격이 취소된 때		면허취소			
② 국가기술자격법에 따라 미용사자격정지 처분을 받은 때		면허정지	(국가기술자격법에 의한 자격정지처분기간에 한한다)		
③ 법 제6조제2항제1호 내지 제4호의 결격 사유에 해당한 때		면허취소			
④ 이중으로 면허를 취득한 때		면허취소		(나중에 발급받은 면허를 말한다)	
⑤ 면허증을 다른 사람에게 대여한 때		면허정지 3월	면허정지 6월	면허취소	
⑥ 면허정지처분을 받고 그 정지기간 중 업무를 행한 때		면허취소			
2. 법 또는 법에 의한 명령에 위반한 때	법 제11조 제1항				
① 시설 및 설비기준을 위반 한 때	법 제3조 제1항	개선명령	영업정지 15일	영업정지 1월	영업장 폐쇄명령
② 신고를 하지 아니하고 영업소의 명칭 및 상호 또는 영업장 면적의 3분의 1 이상을 변경한 때	법 제3조 제1항	경고 또는 개선명령	영업 정지 15일	영업정지 1월	영업소 폐쇄 명령

위반사항	근거법령	1차 위반	2차 위반	3차 위반	4차 위반
③ 신고를 하지 아니하고 영업소의 소재지를 변경한 때	법 제3조 제1항	영업장 폐쇄명령			
④ 영업자의 지위를 승계한 후 1월 이내에 신고하지 아니한 때	법 제3조의2 제4항	개선명령	영업정지 10일	영업정지 1월	영업장 폐쇄명령
⑤ 소득을 한 기구와 소득을 하지 아니한 기구를 각각 다른 용기에 넣어 보관하지 아니하거나 1회용 면도날을 2인 이상의 손님에게 사용한 때	법 제4조 제7항	경고	영업정지 5일	영업정지 10일	영업장 폐쇄명령
⑥ 피부미용을 위하여 「약사법」에 따른 의약품 또는 「의료기기법」에 따른 의료기기를 사용한 때	법 제4조 제7항	영업정지 2월	영업정지 3월	영업장 폐쇄명령	
⑦ 공중위생영업자의 위생관리의무 등을 위반한 때	법 제4조 제4항 및 제7항				
㉮ 점빼기·귓불뚫기·쌍꺼풀수술·문신·박피술 그 밖에 이와 유사한 의료행위를 한 때		영업정지 2월	영업정지 3월	영업장 폐쇄명령	
㉯ 미용업 신고증 및 면허증 원본을 게시하지 아니하거나 업소 내 조명도를 준수하지 아니한 때		경고 또는 개선명령	영업정지 5일	영업정지 10일	영업장 폐쇄명령
㉰ 삭제 <2011.2.10>					
⑧ 영업소 외의 장소에서 업무를 행한 때	법 제8조 제2항	영업정지 1월	영업정지 2월	영업장 폐쇄명령	

part 6. 공중위생관리학

위반사항	근거법령	1차위반	2차위반	3차위반	4차위반
⑨ 시·도지사, 시장·군수·구청장이 하도록 한 필요한 보고를 하지 아니하거나 거짓으로 보고 한 때 또는 관계공무원의 출입·검사를 거부·기피하거나 방해한 때	법 제9조 제1항	영업정지 10일	영업정지 20일	영업정지 1월	영업장 폐쇄명령
⑩ 시·도지사 또는 시장·군수·구청장의 개선명령을 이행하지 아니한 때	법 10조	경고	영업정지 10일	영업정지 1월	영업장 폐쇄명령
⑪ 영업정지처분을 받고 그 영업정지기간 중 영업을 한 때	법 11조 제1항	영업장 폐쇄명령			
⑫ 위생교육을 받지 아니한 때	법 17조	경고	영업정지 5일	영업정지 10일	영업장 폐쇄명령
3. 「성매매알선 등 행위의 처벌에 관한 법률」·「풍속영업의 규제에 관한 법률」·「의료법」에 위반하여 관계행정기관의 장의 요청이 있는 때	법 11조 제1항				
① 손님에게 성매매알선등행위 또는 음란행위를 하게 하거나 이를 알선 또는 제공한 때					
㉮ 영업소		영업정지 2월	영업정지 3월	영업장 폐쇄명령	
㉯ 미용사(업주)		면허정지 2월	면허정지 3월	면허취소	
② 손님에게 도박 그 밖에 사행행위를 하게 한 때		영업정지 1월	영업정지 2월	영업장 폐쇄명령	
③ 음란한 물건을 관람·열람하게 하거나 진열 또는 보관한 때		개선명령	영업정지 15일	영업정지 1월	영업장 폐쇄명령
④ 무자격안마사로 하여금 안마사의 업무에 관한 행위를 하게 한 때		영업정지 1월	영업정지 2월	영업장 폐쇄명령	